Außer dem vorliegenden Vortrag, welcher die Reihe der „Deutschen Vorträge Hamburgischer Professoren" beschließt, sind erschienen:

1. Prof. Dr. **Karl Rathgen**, Deutschland, die Weltmächte und der Krieg. Preis 50 Pfening.
2. Prof. Dr. **Wilhelm Dibelius**, England und Wir. Preis 50 Pfennig.
3. Prof. Dr. **Otto Franke**, Deutschland und England in Ostasien. Preis 50 Pfennig.
4. Prof. Dr. **Conrad Borchling**, Das belgische Problem. Preis 50 Pfennig.
5. Prof. Dr. **Friedrich Keutgen**, Britische Reichsprobleme und der Krieg. Preis 50 Pfennig.
6. Prof. Dr. **Karl Florenz**, Deutschland und Japan. Preis 50 Pfennig.
7. Prof. Dr. **Rudolf Tschudi**, Der Islam und der Krieg.
8. Prof. Dr. **Sten Konow**, Die indische Frage. Preis 50 Pfennig.

Preis jedes Vortrages 50 Pfennig.

Einbanddecke M. 1.20.

Die ganze Reihe zusammen in Leinen gebunden M. 6.[illegible].

Deutsche Vorträge
Hamburgischer Professoren

9.

Carl Meinhof

Deutsche Erziehung

27. November 1914

Hamburg
L. Friederichsen & Co.
(Dr. L. u. R. Friederichsen)
1914

Preis 50 Pfennig

Der Reinertrag ist für die Hamburgische Kriegshilfe bestimmt

Am heutigen Abend schließt die Reihe der deutschen Vorträge ab, mit denen Dozenten des Kolonialinstituts sich an ihre Hamburger Freunde gewendet haben. Von dem Bewußtsein sind diese Vorträge ausgegangen, daß es sich in dem gewaltigen Ringen der Völker nicht etwa nur darum handelt, welches Land die besten Kanonen, die größere Armee, das meiste Geld hat, obwohl wir die Wichtigkeit dieser Faktoren ja nicht unterschätzen, sondern darum, ob der deutsche Geist siegen wird. Es sind im letzten Grunde geistige Mächte, die den Kampf verursacht haben, und die im Siege den Ausschlag geben, — der deutsche Geist mußte sich einmal wieder mit den andern auseinandersetzen. Das Wehen dieses Geistes haben wir alle gespürt. Es ist deshalb wohl an der Zeit, darüber nachzudenken, welche Momente zu der gegenwärtigen geistigen Erhebung geführt haben, und was man tun kann, um einen so wertvollen Besitz für die Zukunft zu sichern.

Für den, der mit der Überzeugung Ernst macht, daß es sich um geistiges Gut handelt, ist die Antwort zusammengefaßt in das eine Wort Erziehung. Selbstverständlich hat eine gründliche und gute Erziehung nicht nur mit dem Geist, sondern auch mit dem Leibe des Zöglings zu tun, es ist eine Alltagsweisheit, daß gesunder Leib und gesunde Seele zusammengehören. Aber auch die körperliche Erziehung geschieht ja stets unter irgend einem guten oder verwerflichen geistigen Einfluß, den der Erzieher ausübt. — Man hat neuerdings die Beobachtung der Rasse zur Grundlage der Erziehung machen wollen. Auch hier ist nicht zu leugnen, daß die Rasse, die besondere Anlage eines Volkes, bei der Erziehung beachtet sein will. Man kann nicht aus jedem Stoff alles machen. Aber wir dürfen die Wirksamkeit der Rasse nicht überschätzen. Gerade der gegenwärtige Zeitpunkt belehrt uns darüber, daß der Staatsgedanke wichtiger ist als die Rasse. Slaven und Magyaren kämpfen neben uns, weil sie für die Kulturgemeinschaft mit Deutschland eintreten. Germanische Stämme stehen abwartend und z. T. kritisch zur Seite, die der Rasse nach zweifellos zu uns gehören. Und Engländer und Vlamen haben sich ihre Genossenschaft geholt bei Kelten und Russen, Japanern und Afrikanern. Da kann man von Zuverlässigkeit der Rasse nicht reden.

Geistige Mächte sind es, die die Völker zusammengeführt und entzweit haben. Das Walten dieser Mächte in der Vergangenheit und in der Zukunft unseres Volkes müssen wir erkennen, um in der rechten Weise weiter zu wirken auf die, die nach uns kommen.

Man wird fragen, was denn gerade mir das Recht gibt, von so gewichtigen Dingen zu sprechen, bin ich doch weder Philosoph noch Historiker, und meine berufsmäßige Beschäftigung mit den Sprachen Afrikas hat doch wohl auf den ersten Blick keinen Zusammenhang mit den großen Aufgaben, von denen heute die Rede ist. Ich könnte anführen, daß ich als Gymnasiallehrer und als Geistlicher reichlich Gelegenheit gehabt habe, mich mit Erziehungsfragen zu beschäftigen. Die so gewonnenen Erkenntnisse teile ich indes mit tausenden von tüchtigen Männern, die ebensogut an meiner Stelle stehen könnten. Das gäbe mir also kein Recht, hier zu sprechen. Aber daran möchte ich erinnern, daß meine über Jahrzehnte ausgedehnte Beschäftigung mit Afrika und seinen Völkern mir die Möglichkeit gab, mich in eine ganz fremde und andersartige Gedankenwelt hineinzudenken. Indem man so einen Standpunkt außerhalb Europas einnimmt, gewinnt man eher den nötigen Abstand von europäischen Dingen, um sie etwas unbefangener zu betrachten. Der häufige persönliche und geistige Verkehr mit fremden Nationen und Sprachen erleichtert es, im Heimischen Wertvolles und Wertloses zu unterscheiden. Indem ich ferner wie meine Kollegen berufsmäßig beschäftigt war, Beamte, Offiziere, Kaufleute, Landwirte, Lehrer, Missionare für Afrika auszubilden, hat sich mir das Nachdenken über deutsche und fremde Geistesart immer aufs neue aufgedrängt, und das bitte ich als eine Art Ermächtigung für mich zu betrachten, meine Gedanken vorzutragen. Und nun wollen wir zur Sache kommen. Die Frage, mit der wir uns zunächst zu beschäftigen haben, ist also die: Welche Kräfte haben mitgewirkt, um die für viele von uns überraschende Begeisterung und Opferwilligkeit des deutschen Volkes zu schaffen, mit der der Krieg eingeleitet und bisher geführt wurde?

Die Arbeit, deren Segen wir ernten, ist vielfach in so unscheinbarer Form und so still getan, daß es nötig sein wird, manches Übersehene und Unbeachtete ans Licht zu ziehen — natürlich werde auch ich nicht alles gesehen haben — es wird aber jeder aus seiner Erfahrung heraus das Gesagte vervollständigen und ergänzen können.

An erster Stelle müssen wir die **deutsche Armee** nennen. Wenn der deutsche Militarismus heute in der ganzen Welt verschrien wird als ein Zeichen der Barbarei, so beruht das ja zum Teil auf bewußter Unwahrheit, aber doch nur zum Teil. Man übersieht im Ausland fast völlig, daß der Dienst im Heer für den Deutschen nicht nur eine Pflicht, sondern eine Auszeichnung des Mannes ist. Es ist ferner nicht genügend bekannt, einen wie hohen erziehlichen Wert die Armee für den Deutschen gehabt hat. Der Dienst fordert Sinn für Ordnung und Pünktlichkeit, Pflichttreue und Zuverlässigkeit, aber er gibt dem Mann auch ein Bewußtsein seines Wertes, seiner Persönlichkeit. Er erzieht den Deutschen ferner zur Kameradschaft gegen jeden, der gleich ihm des Kaisers Rock trägt, und schlingt so ein gemeinsames Band nm alle Stände vom Handarbeiter bis zum kaiserlichen Prinzen. Die Vaterlandsliebe und Opferwilligkeit des Volkes, die Bereitschaft zum Helfen mit Geld und Arbeit, das unbedingte Vertrauen in die Führung, verbunden mit steter Aufmerksamkeit für das, was man selbst tun kann und soll, das sind Eigenschaften, die der Dienst erweckt oder stärkt, und sie sind von höchster Bedeutung nicht nur für den Krieg, sondern auch für den Frieden. Soldatenspiel fesselt schon unsere Jugend, und man versucht auch hier Ordnung und Tapferkeit, Pflichttreue und Gehorsam zu beweisen — ein wundervoller Anblick für den Freund unseres Volkes. In englischen Lesebüchern sollen sich oft Geschichten finden, in denen ungezogene Jungen nach allerlei schlechten Streichen schließlich Soldaten werden. Solche Geschichten sind bei uns undenkbar. Ein Verbrecher genießt bei uns nicht die Ehre, Soldat zu sein.

So müssen wir bestreiten, daß der **deutsche** Militarismus eine Gefahr für die Welt ist. Wir Deutsche können eigentlich überhaupt nicht von Militarismus sprechen, denn wir kennen keine andern Soldaten als die Männer unsres Volks, die das Schwert ergreifen, um den heimischen Herd zu schützen. Diese Soldaten sind nicht ein anderes Deutschland als das Deutschland der Gelehrten und Künstler, sondern es sind dieselben Männer. Sie haben auch nicht ein zwiespältiges Herz, sondern sie sind ganze Männer bei der Friedensarbeit wie im Felde. Und diese Art ist nicht verwerflicher Militarismus, sondern der Wille eines freien Volkes zur Verteidigung der Heimat.

Das aber ist Militarismus, daß ein Söldnerheer, das an dem

Krieg kein Interesse hat, für Geld hingeschickt wird, um andere Völker zu überfallen. Dieses System ist eine Gefahr für die Kulturwelt, auch wenn es, wie in der französischen Fremdenlegion, nur beschränkte Verwendung findet. Diesem System muß jeder pädagogische Wert abgesprochen werden. Es wirkt geradezu entsittlichend auf das Volk, denn solch Krieg geht das Volk nichts an — leichtherzig führt man ihn herbei, um sich die Taschen zu füllen. Dieses militärische System wird hoffentlich für immer durch den gegenwärtigen Krieg ausgerottet werden, und England wird zu der von ihm geschmähten deutschen Wehrordnung übergehen müssen und sich damit unter die Erziehung des deutschen Geistes begeben.

Wir wollen uns nicht aufhalten bei allerlei kleinlichem Tadel, der in Friedenszeiten gegen unser Heer ausgesprochen worden ist. Die große Gegenwart zeigt uns, wie geringfügig das alles ist im Vergleich zu dem großen Erfolg, den unsere Heeresverwaltung aufweist.

Man hat gesagt, der deutsche Schulmeister habe die Schlacht von Königgrätz gewonnen und allerlei übertriebene Schlußfolgerungen daraus gezogen. Es waren damals außerdem noch andre recht wesentliche Kräfte wirksam — aber übersehen dürfen wir nicht, einen wie erheblichen Anteil die deutsche Schule am Fortschritt Deutschlands hat und auch an der gegenwärtigen Erhebung. Aus einem Menschenmaterial, das so gut vorgebildet ist, wie der deutsche Rekrut, kann der Unteroffizier etwas machen. Auch die einfachen Wehrmänner ververfügen eben bei uns über die Künste des Lesens und Schreibens, die in den jetzt so gepriesenen Kulturländern längst nicht jedem geläufig sind. Sie besitzen auch in der Regel recht hübsche Kenntnisse in Geographie und Geschichte und tragen die Tugenden der Vaterlandsliebe, der Gottesfurcht und Gewissenhaftigkeit als wertvollen Schatz im Herzen mit sich. Sie haben sich an deutscher Poesie geweidet und können deutsche Lieder singen. — Ja manchem mag der Betrieb unserer Elementarschulen in Stadt und Land pedantisch und langweilig erscheinen —, zuweilen mag er es sein, oft ist er es durchaus nicht — aber in dieser stillen Arbeit sind die Kohlen zusammengetragen, die der Glutwind des Krieges nun zum Glühen brachte.

Man hat viel getadelt und gebessert an unsren höheren Schulen — mit Recht und mit Unrecht; denn die Mühsal des Lernens kann und soll dem Schüler nicht abgenommen werden, die Schule ist kein Spiel. Aber eine Probe haben unsere höheren Schulen bestanden:

Die Begeisterung für das Vaterland flammte in allen Herzen auf. Die großen Gedanken des Altertums waren nicht totes Kapital, sondern zündendes Leben. Außerdem hat die deutsche wissenschaftliche Bildung uns befähigt, Dinge zu leisten, die die anderen nicht können. Man versucht jetzt in England die fehlenden Erzeugnisse der deutschen chemischen Industrie nachzuahmen, aber es geht nicht — dazu gehören Vorarbeiten und Kenntnisse, über die man nicht verfügt. Mit Staunen sieht der Deutsche, wie niedrig die allgemeine Bildung der oberen Klassen im feindlichen Ausland ist aus den abenteuerlichen Märchen, die die Presse dieser Länder ihren Lesern vorzusetzen wagt. Das ginge bei uns nicht.

Bei der Erhebung im Jahre 1813 war in besonderem Maße die akademische Jugend beteiligt und akademische Lehrer wie Fichte, Schleiermacher, Steffens, Raumer, E. M. Arndt haben ganz wesentlich dazu beigetragen, das nationale Bewußtsein zu beleben. Studenten und Professoren traten in die Armee ein. Auch jetzt haben wir die gleiche Beobachtung gemacht. Auch jetzt haben Hochschullehrer und Studenten in großer Zahl sich unter die Waffen gestellt, und die das nicht konnten, haben mit Wort und Schrift gearbeitet, wie der alte Blücher sagt: „Der eine mit dem Schnabel und der andere mit dem Sabel."

Da in Deutschland jeder wehrfähige Mann die Waffen trägt, ist daran weiter nichts Merkwürdiges. Beachtenswert ist aber die sehr große Zahl der Kriegsfreiwilligen aus akademischen Berufen. Es ist also nicht so, daß ein Mann durch die Wissenschaft der Wirklichkeit und dem Vaterlande entfremdet wird. Gerade in der deutschen Wissenschaft liegt ein starker Antrieb zur Vaterlandsliebe. Denn das weiß jeder deutsche Gelehrte: Mancherlei Nützliches hat uns auch die Wissenschaft des Auslandes gebracht, aber gewisse Tiefen der Philosophie blieben der deutschen Wissenschaft vorbehalten. In meiner Wissenschaft steht es so: wer vor 25 Jahren afrikanische Sprachen studieren wollte, der mußte zuerst englisch lernen, denn fast alle Lehrbücher, auch die von Deutschen verfaßten, waren englisch geschrieben. Heute muß man deutsch lernen, wenn man wirklich in diese Wissenschaft eindringen will. Vor wenigen Jahren gingen die Phonetiker nach Paris, heute kommen sie nach Hamburg. — Man kann Deutschland nicht vernichten, denn die deutsche Wissenschaft ist der Welt unentbehrlich, und sie kann niemals unter Knechten gedeihen, sondern nur in einem freien Lande, wie es Deutschland ist.

Welchen Schatz gibt die deutsche Kunst der deutschen Jugend mit! Wie viel Heimatliebe von da ausgeht, brauche ich nicht zu erörtern — es genügt, wenn ich den Namen Lichtwark nenne. Unsere Landsleute zerstören keine Bilder und Kirchen aus reiner Lust am angerichteten Schaden — sie werden sie schützen und lieben, wie sie können, wo sie können.

Und die deutsche Musik! Wer Philosophie und wer Musik studieren will, muß nun einmal Deutsch verstehen, und die erziehende Kraft der Musik umfaßt bei uns das ganze Volk. Der Entschluß des deutschen Wehrmanns, sein Vaterland zu schützen, muß sich im Lied auswirken, so will es deutsche Art.

Gerade in Deutschland gehen ferner die erziehenden Kräfte auch außerhalb der Armee in sehr hohem Maße von der Kameradschaft aus. Der deutsche Junge ist spröde und gegen die Pädagogik von oben her sträubt er gern die Federn. Anders ist es mit der Erziehung, die ihm die Kameraden angedeihen lassen. Dabei behält er meist guten Humor. Im Spiel, beim Schwimmen und Reiten, Wandern und Radfahren stählt sich Körper und Geist. Wir wollen acht haben, daß wir nicht in gewerbsmäßiges ausländisches Sportwesen hineingeraten, sondern auf vaterländischem Boden bleiben. Daraus erwachsen dann auch ernstere Betätigungen. Wir, die wir nicht mitten darin standen, haben gedacht, das Autofahren und Fliegen wären nur Liebhabereien — wir erleben jetzt, wie wichtig das ist für das Vaterland, und wir alle wissen, daß auch die Kieler Woche, für die manche Landratte kein Verständnis gehabt hat, nicht müßiges Spiel war. Hier hat unser kaiserlicher Herr die Jugend erobert für die Aufgaben Deutschlands auf der See. Wir haben von den Früchten dieser Erziehung schon etwas gesehen. Größeres erhofft das deutsche Vaterland, erhofft Hamburg.

Uns allen ist bei der Bewegung der letzten Monate aufgefallen, daß ein starker, religiöser Zug durch sie hindurchging. Die Kirchen waren überfüllt, sogar auf freien Plätzen kam man zusammen und sang geistliche Lieder. Wohl kaum ist das alte Lutherlied „Ein feste Burg ist unser Gott" so viel, so allgemein, mit so tiefem Empfinden gesungen worden als in dieser Zeit. Welcher Art war diese religiöse Erhebung? — Vor allem lag darin das Bewußtsein, daß der Krieg nicht eine Sache der Regierung war, sondern als eine Fügung aus höherer Hand betrachtet werden muß. Ferner fand sich ausgedrückt der Wille, dieser höheren Hand gehorsam zu sein. Es war aber doch nicht einfach blinder Fatalismus, der sich in das Unabänderliche fügt, sondern es war der Wille das zu tun, was Gott fordert, der Wille, der bereit ist, alles, auch das Leben hinzugeben für das Vaterland. Es war noch mehr und ist noch mehr. Es ist der unerschütterliche Glaube, daß Wahrheit und Gerechtigkeit schließlich siegen werden. Das Gewissen des einzelnen, das ihn zwingt wahr und gerecht zu sein, stand so im Einklang mit dem Gottesbewußtsein, und das gab und gibt unseren Wehrleuten und allen, die in diesem Kriege Opfer bringen, jene stille, erhabene, ich möchte fast sagen heitere Festigkeit. Mit solchen Leuten kann man das Unmögliche möglich machen.

Hier und da sind deutlich christliche Klänge angeschlagen, sie treten allerdings nicht stark hervor. Der Deutsche ist zu scheu, um seine tiefsten Empfindungen öffentlich zu zeigen — aber das hat die religiöse Erziehung der Deutschen zweifellos erreicht, daß jener Satz Luthers zum Gemeingut des Volkes geworden ist, daß es nicht geraten ist etwas gegen das Gewissen zu tun.

Eine Kraftquelle, die ein besonderes Heiligtum des deutschen Wehrmanns ist, wollen wir aber noch ausdrücklich nennen, das ist die Familie. Der Gedanke an Weib und Kind, die geschützt werden müssen, geht mit unseren Truppen und stählt ihren Arm. Der Brief aus der Heimat ist die liebste Erquickung und, weil das so ist, ist der deutsche Wehrmann gütig und hilfreich gegen Schwache und Kinder, Frauen und Kranke auch im Feindesland.

Man sagt uns Deutschen in der ganzen Welt nach, daß wir fleißige Arbeiter sind. Die Begehrlichkeit des Auslandes stammt ja daher, daß der Deutsche in langen Friedensjahren mit unermüdlichem Fleiß eine Fülle von Werten geschaffen hat, die man nun mühelos haben möchte. Aber der Deutsche arbeitet nicht nur, um reich zu werden, sondern er hat an seiner Arbeit Freude; wer ihm seine Arbeit nimmt, der greift ihm ans Herz. Darum steht der deutsche Landmann und Fischer, Kaufmann und Industrielle, Handwerker und Handarbeiter, der Gelehrte und Künstler mit so heißer Empörung auf zum Krieg, weil man ihn nicht weiter arbeiten läßt und um seine geliebte Arbeit und ihre Frucht bringen will. Die Arbeit ist eine Ehre bei uns, und unser Volk kämpft für die Freiheit und Selbständigkeit seiner Arbeit.

Das alles sind sehr starke Triebfedern zur Vaterlandsliebe. Sie sind hier und da in der Vergangenheit geschädigt und beeinträchtigt worden durch allerlei undeutsches Wesen. Es wird an uns sein, das abzutun, damit die Wirksamkeit dieser Gewalten ungehemmt dem deutschen Volk zugute kommen kann.

Die erste Aufgabe der Zukunft wird also sein, die in den Tagen der Gefahr erprobten Kräfte zu erhalten. Nur zu leicht wird in Zeiten des Friedens vergessen, was das eigentlich Wichtige ist. Die ernste Stimmung hält nicht stand, eine leichtere Lebensauffassung fordert wieder ihr Recht, und wer wollte es dem beschwerten Gemüt verdenken, wenn es wieder Freudenstunden erleben möchte! Auch braucht der Mensch, um arbeitsfähig zu bleiben, ein gewisses Maß an Freude. Besonders die Jugend ist in der Regel auf rechtem Wege, wenn sie unbefangen fröhlich ist. Aber wir dürfen nicht wieder vergessen, wo die eigentlichen Kraftquellen liegen, und der Baum, der seine Blüten im Sonnenschein wiegen will, muß in der Tiefe gewurzelt sein. Die Heimat ist der Boden, auf dem wir stehen. Heimische Erde, heimischer Glaube, heimische Sprache und Kunst, heimische Sitte müssen die Grundmauern bleiben, auf denen unser Haus steht. Die deutsche Familie ist zu schützen gegen das Eindringen fremder Sittenlosigkeit und fremden Leichtsinns. Auf unseren Söhnen und Töchtern beruht Deutschlands Zukunft. Wir müssen endlich die rechte Stellung zu allerlei Fremdem finden — es soll ja nicht verachtet werden, nicht unbeachtet bleiben, wir wollen es kennen und uns daran freuen — aber unser Herz dürfen wir nicht daran hängen, das gehört dem Vaterlande; vor allem dürfen wir nicht Knechte der Fremden sein. Die Treue, mit der wir in Zukunft unsere Muttersprache auch im Ausland bewahren, wird das beste Zeichen sein, daß schlichte Freude an heimischer Art uns höher steht als allerlei Tand, mit dem die Fremde uns verwirren und verführen möchte.

Bei Gelegenheit dieses Krieges sind uns eine Reihe von Mängeln bewußt geworden, an deren Abstellung wir in der Zukunft zu arbeiten haben. Mit weiser Voraussicht hat die deutsche Regierung für alle eigentlich entscheidenden Kräfte im Heer und in der Flotte Sorge getragen — daran kann niemand zweifeln. Aber ihr waren daneben Aufgaben gestellt, die für die Vergangenheit unlösbar waren. Dahin gehört die Sicherung unseres K o l o n i a l b e s i t z e s. Wir haben mit stillem Ingrimm erleben müssen, daß hier und da englische und sogar japanische Besatzungen auf deutschem Gebiet einzogen. Noch brennt die Wunde von Tsingtau. Wir alle stehen unter dem Eindruck: das war jetzt nicht zu vermeiden, aber dagegen müssen wir uns in Zukunft decken. Unser Volk wird an den kolonialen Aufgaben ein größeres Interesse nehmen müssen, und die deutsche Jugend im Reich wird mehr als bisher verstehen lernen, was wir jenseits des Meeres zu tun haben.

Damit wird das möglich werden, was wir alle, die wir im Ausland waren, ersehnen: Eine kraftvolle und sachkundige Vertretung der deutschen Interessen durch die Beamten des Reichs in der ganzen Welt. Weiß das Reich, daß hinter jedem Konsul das deutsche Volk mit seinem ganzen Herzen steht, so wird der Vertreter der deutschen Sache auch imstande sein, seine Hand über jeden zu halten, der seinen Schutz anruft.

Es ist jetzt nicht die Stunde, an andern Kritik zu üben, aber an uns selbst wollen wir sie üben. Unser Volk war bisher nicht immer bereit, sich in jedem Fall einzusetzen für seine Landsleute in der weiten Welt. Nur zu viele wußten nicht, was die Arbeit im Ausland für die Heimat bedeutet, und hier erhoffen wir den Anbruch einer neuen Zeit nach einem siegreichen Frieden.

Eine besondere Aufgabe fällt auch der Presse zu. Deutsche Zeitungen sind im Ausland viel zu wenig verbreitet. Selbst in Orten, wo mancher deutsche Reisende verkehrt, fragt man oft genug umsonst nach einer großen deutschen Zeitung. Wir haben in diesem Kriege zu unserm Schaden erfahren, daß ein großer Teil der Auslandpresse mit englischem und französischem Geld arbeitet. Mit dieser gekauften Presse, mit Aussperrung der deutschen Presse, mit Abschneidung der Kabel gelang es, einen großen Teil der Welt in monatelanger Unkenntnis über die tatsächlichen Vorgänge zu halten. Welchen Schaden diese Täuschung des Auslandes uns gebracht hat, brauche ich nicht auszuführen. Das wäre aber nicht möglich gewesen, wenn nicht von gegnerischer Seite seit langem auf diplomatischem Wege und durch die Presse die öffentliche Meinung der ganzen Welt irre geführt worden wäre. — Auch diese Fesseln müssen wir zerbrechen. Es versteht sich von selbst, daß wir nicht dieselben Mittel anwenden können, wie unsere Gegner, sondern wir müssen auf unsere Weise kämpfen. Das deutsche Volk muß aufhören, es mit Gleichgültigkeit zu betrachten, wenn es in der Welt verleumdet wird. Wir müssen uns um die Presse in der ganzen Welt kümmern und wir müssen unsere Presse immer besser ausgestalten. Wir hoffen den Tag zu erleben, wo vor der ganzen Welt die fremden

Lügennachrichten lächerlich werden, und wo die Zuverlässigkeit der deutschen Presse allgemein anerkannt wird. Den Zeitpunkt müssen wir benutzen und mit unsern Blättern uns Eingang verschaffen. Man wird sagen: Das ist schwer. Freilich ist es schwer — aber leicht wird uns der Kampf auch nach dem Frieden nicht gemacht. Es handelt sich zunächst aber darum, daß wir das Ziel sehen. Dieses Ziel haben auch die „Mitteilungen für das Ausland" verfolgt, die jetzt schon während des Krieges in neutrale Länder, besonders nach Amerika von unserm Kolonialinstitut aus versandt sind, und wir haben gesehen, daß diese Arbeit nicht erfolglos war.

Der Verbreitung deutscher Bildung in der ganzen Welt muß neben der Presse aber besonders die Schule dienen. Die Tatsache ist noch gar nicht genügend gewürdigt, daß das deutsche Schulwesen führend ist. Wenn wir erkannt haben, daß die Schule zur geistigen Befreiung und Veredelung unsers Volkes das Meiste getan hat, dann ist eine der wichtigsten Forderungen für die Zukunft: Deutsche Schulen ins Ausland. Bekanntlich sind allerlei nützliche Anfänge in dieser Richtung gemacht, aber ich glaube, es kann noch mehr geschehen. Diese Auslandschulen sollen vor allem den Zweck haben die deutschen Landsleute bei deutscher Sprache und Art festzuhalten, damit sie nicht verengländern.

Zugleich müssen unsere Auslandschulen dem deutschen Geiste Raum schaffen in fremden Völkern. Daß man die Lügen über Deutschland glaubt, liegt doch vor allem daran, daß man eben so sehr wenig von uns weiß. Machen wir die Welt bekannt mit deutscher Sprache, deutscher Sitte, deutscher Bildung — wir die geborenen Erzieher, und überlassen wir den geistigen Einfluß nicht wie bisher den Engländern! Wenn das einen wirklichen Erfolg bringen soll, dann ist freilich nötig, daß wir nicht nur die Köpfe der Schüler mit Wissensstoff anfüllen, sondern daß wir ihnen die höchsten Güter reichen, wie sie die deutsche Geistesbildung uns bietet. Nur eine Jugend, die wirkliche Ideale hat, kann im deutschen Sinn arbeiten und unserm Volk eine größere Zukunft schaffen helfen.

Auch über die religiöse Frage müssen wir sprechen. Wir haben gesehen, welche Macht der Glaube ist. So müssen wir denn diese Macht nicht wieder aus dem Auge verlieren. Ob wir zu neuen kirchlichen Organisationen in der Zukunft kommen werden, scheint mir nebensächlich. Die beste Organisation ist wertlos, wenn nicht der rechte Geist dahinter steht. Diesen Geist des Gottesglaubens müssen wir haben. Wir dürfen nicht wie bisher vielfach die kirchlichen Dinge ansehen als nebensächlich oder gleichgültig, sondern müssen ihnen unsere Liebe und unsere Arbeit zuwenden. Was uns so beglückt, daß nämlich die künstlichen Standesunterschiede verschwunden sind und daß sie einem Geist der Brüderlichkeit Platz gemacht haben, das werden wir in der Kirche am leichtesten festhalten. Wenn wir im Glauben vor einem Gott stehen und an die großen Ereignisse des Herzens und Schicksals, an Leben und Tod, denken, dann werden wir uns dauernd als Brüder fühlen. Es darf nicht so sein, daß irgend eine Partei das Christentum für sich in Anspruch nimmt und eine andere ihre Mitglieder zum Bruch mit dem Christentum drängt. In der Kirche müssen wir Brüder sein und im Geist der Liebe zusammenhalten in gegenseitigem Dienst. — Man wird mich nicht mißverstehen. Ich meine nicht, daß man die Staatskirche nun als Lösung aller Rätsel betrachtet, oder daß irgendwelche Priesterschaft die Herrin unsres Glaubens sein sollte — im Gegenteil. Mag der Staat, mag der geistliche Stand in seiner Weise mitarbeiten — die Hauptsache bleibt die lebendige Beteiligung der Gemeinde. Ich befürchte nicht, daß wir dann wieder in theologische Streitigkeiten hineingeraten. Je tiefer und innerlicher wir unsern Glauben verstehen, um so milder werden wir gegen andere sein.

Wir Deutsche haben den alten Luther immer noch nicht genug gelesen und verstanden, besonders sein Buch von der Freiheit eines Christenmenschen — sonst wäre es nicht möglich, daß französischer Unglauben und britische Äußerlichkeit uns immer wieder die Augen verblendet hätte. Wir machen die überraschende Erfahrung, daß Naturvölker, denen die eindringende Kultur ihre Religion, ihre Sitte, ihre Kunst nimmt, hinsiechen. Sie haben keine Ideale mehr, für die es sich lohnt zu leben. Es ist so, wie die Bibel sagt: Der Mensch lebt nicht vom Brot allein. Ein Volk ohne Ideale — oder wie Fichte sagt — ohne „Gesichte aus der Geisterwelt" hat keine innere Kraft. Wir wollen unsere Ideale festhalten, denn darin steckt unser Leben. Die deutschen Kirchen im Auslande müssen neben der deutschen Schule die Sammelplätze des deutschen Geistes sein und den Zusammenhang pflegen mit deutscher Art, deutscher Geschichte und deutschem Geistesleben. Wir haben bessere Schätze, als die Fremde sie uns bieten kann, und wollen darum an der Stärkung und Vertiefung des Gottesglaubens in unserm Volk nach Kräften arbeiten.

Damit tritt an unser Volk aber eine Aufgabe heran, die bisher merkwürdig unbekannt und unbeliebt in Deutschland ist, ich meine die Mission. — Es ist vollkommen verständlich, daß der Deutsche gegen gewisse gewalttätige Formen der Mission eine Abneigung hat. Man empfindet es mit Recht als eine unwürdige Beschäftigung andere Leute durch Überredung oder noch unschönere Mittel zur Aufgabe ihrer Religion zu bewegen. Aber das ist eben die Aufgabe der Zukunft, das deutsche Volk davon zu überzeugen, daß es sich darum nicht handelt. Die Missionsarbeit, die der deutsche Mann tun darf und tun soll, besteht in nichts anderem, als in dem, was in unseren hiesigen Kirchen und Schulen täglich geschieht. Wir können die in Aberglauben und Stumpfheit versunkenen Völker in unseren Kolonien nicht so gehen lassen, sondern müssen an ihrer Erziehung arbeiten. Wir müssen, da ihre Religionen von der Kultur zerstört werden, ihnen neue Formen der religiösen Gemeinschaft bieten, müssen ihre Kranken heilen, ihre Kinder unterrichten, ihre Erwachsenen erziehen — ich meine es ist unsere Pflicht.

Die Frage, ob nun diese Farbigen das Evangelium mit derselben Tiefe auffassen werden, wie wir, braucht uns nicht zu beunruhigen. Denn diese Leute werden keine Deutschen und sollen es gar nicht werden, aber sie sollen unter die Zucht des deutschen und christlichen Geistes kommen. Darum ist es auch verfehlt nun zu verlangen, daß die Missionen nur in deutschen Kolonien arbeiten sollen. Auf diese Forderung können die Missionen auch aus nationalen Gründen niemals eingehen. Im Gegenteil — wo in der Welt sich Gelegenheit bietet, soll der deutsche Missionar hingehen und deutsche Gründlichkeit, deutschen Glaubensernst mitnehmen, wie ja auch der deutsche Kaufmann sich niemals an die Grenzen des Reiches binden kann und soll.

Wenn geschieht, wovon wir alle durchdrungen sind, daß Gott uns den Sieg verleiht, dann werden wir vor große neue Aufgaben gestellt. Unser Handel wird mit neuer Kraft die alten Beziehungen wieder anknüpfen, aber auch manchen neuen Weg gehen. Und unsere Regierung wird neue Arbeiten angreifen müssen. Wir haben es in der jüngsten Vergangenheit wieder erlebt, wie pünktlich und zuverlässig der deutsche Beamte ist. Was unsere Eisenbahnen bei der Mobilmachung geleistet haben, war für die Welt ein unerhörtes Beispiel von Sorgfalt und Pflichttreue. Aber diese ganze Tüchtigkeit ist erworben in deutschen Verhältnissen und für deutsche Verhältnisse. Sie setzt voraus, daß auch die Untergebenen bis herab zum einfachsten Streckenarbeiter im deutschen Sinn erzogen sind oder erzogen werden. Nun haben wir die uns überraschende Erfahrung gemacht, daß die deutsche Verwaltung der Kolonien in den ersten Jahrzehnten allerlei Mißerfolge aufwies. Wenn ich recht sehe, lag es vor allem daran, daß die Voraussetzungen, unter denen der deutsche Beamte draußen gearbeitet hat, eben völlig andere sind, als die er gewohnt ist. In heißem Bemühen ist für die Heranbildung eines tüchtigen Beamtenstabes schon jetzt gearbeitet worden — da liegen aber noch große Aufgaben vor uns. Bei ihrer Erledigung werden wir sorgsam verfahren müssen, und um das zu können, werden wir die Verhältnisse gründlich kennen und prüfen müssen, und das ist Sache der Praxis und zugleich der kolonialen Wissenschaften. Diese Wissenschaften zu fördern und so die Männer zu schulen, die draußen brauchbar sind, wird eine Arbeit sein, für die Hamburg, besonders unser Kolonialinstitut, die rechte Stelle ist.

Dabei scheint es mir besonders wichtig, daß wir zu einer Zusammenfassung der verschiedenartigen Kräfte kommen. Die kaufmännischen, pädagogischen, kolonialen, wissenschaftlichen, religiösen Kräfte, die wirksam sind, um den deutschen Gedanken in der Welt zu verbreiten, müssen von einander wissen und sich die Hand reichen. Es schadet gar nichts, wenn es bei solcher Zusammenarbeit auch einmal zu lebhaften Auseinandersetzungen kommt, das hält die Liebe frisch, aber im übrigen muß jeder wissen, daß wir zusammengehören und trotz verschiedener Aufgaben und Wege niemals vergessen, daß wir Deutsche sind. Das wird auch unser Verhältnis zu England in Zukunft regeln. Will England aus einem Feind ein ehrlicher Mitarbeiter werden, so ist eine Verständigung möglich. Will es das nicht, so wird die Zerstörung des modernen Karthago die unerläßliche Vorbedingung für die Lösung dieser Aufgabe sein.

Wenn wir in Zukunft nicht nur dem Vorteil des Augenblicks nachjagen, sondern dauerhaft bauen wollen, dann muß uns bei unserer Arbeit auch die sittliche Pflicht gegen die anderen immer vor Augen bleiben. Geldgier und Ehrgeiz sind einfach unersättlich und treiben den Menschen stets über Ziel und Maß hinaus. Wollen wir Deutsche nicht auf diese schiefe Ebene geraten, so müssen wir unsere Aufgabe verstehen als Erziehung der Völker. Wir wissen was wir erlebt haben. Die grausigste Barbarei starrte uns ins Gesicht im Westen und Osten. Ihre Handlungen mußten zunächst durch Waffengewalt niedergeschlagen und gesühnt werden, aber das reicht nicht aus. Unablässig müssen wir es als unsere Pflicht ansehen, an der Verbreitung deutscher Gesittung in der ganzen Welt zu arbeiten. Das erst wird unserer Weltstellung den festen Untergrund geben, den wir für die Zukunft gebrauchen.

Diese Zusammenfassung bezieht sich natürlich auch auf das Wirtschaftsleben, und hier ist *ein* Punkt, dessen Beachtung ich der Aufmerksamkeit der Vaterlandsfreunde besonders empfehle. Wir haben die Erschwerung unseres Handels ertragen, ohne daß unsere Wehrkraft darunter litt. Die Voraussetzung dafür aber, daß wir bis zum Ende aushalten, ist eine leistungsfähige *Landwirtschaft*. Das deutsche Land, des deutschen Mannes Erbe und Nährmutter — das bleibe ein unumstößlicher Satz für die Zukunft. Die Scharen der Städter, die diesmal die Ernte einbringen halfen, sind Freunde des Ackerbaus geworden, wenn sie es nicht schon waren — und wir wollen, wenn Gott uns Frieden schenkt, nie vergessen, daß der Boden der Heimat, für den unsere Brüder und Söhne geblutet haben, uns Brot gab, als der Feind unsere Grenzen bedrohte und unsere Schiffahrt hinderte.

So wird man auch ein besseres Verständnis für die staatserhaltende Kraft des landwirtschaftlichen Ostens in Deutschland gewinnen. Es darf niemals wieder vergessen werden, was Ostpreußen durch russische Grausamkeit und Willkür für die Erhaltung der deutschen Gesittung gelitten hat.

Bei vielen Arbeiten, die in der Zukunft liegen, wird dem Staate *Hamburg* eine nicht geringe Beteiligung zufallen. Kein deutscher Bundesstaat hat in so hohem Maße Gelegenheit gehabt mit dem Ausland auch jenseits des Meeres Verbindungen anzuknüpfen und hat von dieser Gelegenheit so reichlich Gebrauch gemacht wie Hamburg, so muß auch der Weg der erweiterten Auslandsbeziehungen in der Zukunft über Hamburg gehen. Hamburg ist im Reiche beliebt und geehrt, und man denkt hoch von dem Weitblick und der Tatkraft der Hanseaten. Immerhin gibt es doch noch Leute genug im deutschen Reiche, die keine Vorstellung davon haben, was Hamburgs Handel für Deutschland bedeutet. Umgekehrt ist zu wünschen, daß in Hamburg die Kenntnis des übrigen Deutschlands, seiner Wünsche und Bedürfnisse noch besser als bisher bekannt wäre. Wir können uns ja darüber nicht täuschen, daß eins der wichtigsten Motive zum Kriege für England die Besorgnis war, der deutsche Handel d. h. in erster Linie der Hamburger Handel könnte so weiter wachsen wie bisher. Diese Besorgnis war nicht unbegründet, und wir hoffen, daß nach dem Frieden sie in stärkerer Form wiederkehrt. Deutschland kämpft auch für unsern Handel, und darin liegt eine Verpflichtung für uns, bei der Eroberung seiner Weltstellung dem Deutschen Reiche nach besten Kräften zu dienen. Als wir vor wenigen Tagen zum ersten Mal vor Bürgermeister Burchards Denkmal standen, da wachte die Erinnerung an den herrlichen Mann mächtig auf. Wie hat der Künstler das Bild gemeint? Wonach schaut Burchard aus? — Ich denke, er schaut aus, ob die Ziele, die er verfolgte, die unsern sind, ob wir weiterarbeiten zum Wohle Hamburgs, zum Wohle Deutschlands, ob unsere Losung nach wie vor lautet: Vorwärts!

Von verschiedenen Seiten tritt an uns die Frage heran, wie sich denn nun nach dem Kriege die internationalen Beziehungen gestalten werden. Wir alle stecken doch irgendwie in solchen Beziehungen darin und fühlen, daß wir um Deutschland nicht eine Mauer ziehen können. Ich halte die Isolierung Deutschlands gar nicht für wünschenswert, im Gegenteil, ich habe mich bemüht zu zeigen, daß die Aufgaben Deutschlands in die weite Welt hinausführen. Je besser wir unsere Aufgaben im Ausland erfüllen, um so nützlicher wird es für die Heimat sein. Nur das ist zu vermeiden, daß wir uns an das Ausland verlieren. Jede gesunde internationale Betätigung muß eine feste nationale Grundlage haben, sonst schwebt sie in der Luft als ein unwirkliches Gedankenspiel und wird der Heimat gefährlich.

Wir Deutschen haben von Natur keine Anlage zum Chauvinismus. Wir wissen, daß es grundfalsch ist, wenn man von uns behauptet, wir wollten alles uniformieren. Gerade bei uns ist es am wenigstens uniform. Wo der Russe, der Franzose, der Brite herrscht, da hebt die Gleichmacherei an, deutsch ist das nicht. Uns macht die Mannigfaltigkeit in der Einheit Freude. Wir sind einig, aber in verschiedene Staaten und Stämme geteilt. Wir lieben unser Vaterland und sind doch bereit allerlei Gutes auch von Fremden zu lernen.

Wir wollen der Welt nützen — nicht als gehorsame Diener der

Fremden, sondern als freie Männer, die reich genug sind, um anderen von dem Ihren abzugeben. Mit deutscher Kunst, deutscher Wissenschaft haben wir die Welt erobert, die Welt kann ohne das nicht leben. Mehr Vorsicht vor den Fremden werden wir aber lernen müssen. Sie sind nicht alle dankbar und gerecht — das haben wir gesehen.

Was die Zukunft verbürgt, ist der deutsche Geist. Den wird man nicht zwingen. Fichte hat in seinen herrlichen Reden an die Deutsche Nation Worte gefunden, die auf unsere Zeit passen. Er spricht von unseren Vorfahren und knüpft folgendes daran:

„Diese, und alle andre in der Weltgeschichte, die ihres Sinnes waren, haben gesiegt, weil das Ewige sie begeisterte, und so siegt immer und notwendig diese Begeisterung über den, der nicht begeistert ist. Nicht die Gewalt der Arme, noch die Tüchtigkeit der Waffen, sondern die Kraft des Gemüts ist es, welche Siege erkämpft. Wer ein begrenztes Ziel sich setzt seiner Aufopferungen und sich nicht weiter wagen mag, als bis zu einem gewissen Punkte, der gibt den Widerstand auf, sobald die Gefahr ihm an diesen durchaus nicht aufzugebenden, noch zu entbehrenden Punkt kommt. Wer gar kein Ziel sich gesetzt hat, sondern alles, und das Höchste, was man hienieden verlieren kann, das Leben, daran setzt, gibt den Widerstand nie auf und siegt, so der Gegner ein begrenzteres Ziel hat, ohne Zweifel. Ein Volk, das da fähig ist, sei es auch nur in seinen höchsten Stellvertretern und Anführern, das Gesicht aus der Geisterwelt, Selbständigkeit, fest ins Auge zu fassen, und von der Liebe dafür ergriffen zu werden, wie unsre ältesten Vorfahren, siegt gewiß über ein solches, das nur zum Werkzeuge fremder Herrschsucht und zur Unterjochung selbständiger Völker gebraucht wird, wie die römischen Heere; denn die erstern haben alles zu verlieren, die letzteren bloß einiges zu gewinnen. Über die Denkart aber, die den Krieg als ein Glücksspiel ansieht, um zeitlichen Gewinn oder Verlust, und bei der schon, ehe sie das Spiel anfängt, fest steht, bis zu welcher Summe sie auf die Karten setzen wolle, siegt sogar eine Grille."

Das ist nicht nach 1813 sondern während der Franzosenzeit geschrieben.

Ich habe dem nur wenig hinzuzufügen.

Dieser Geist hat damals den Sieg gebracht — nicht nach einem Menschenalter, wie Fichte annahm, sondern nach wenigen Jahren, und das stärkt unsere Zuversicht für die Gegenwart.

Der Deutsche ist am fröhlichsten, wenn er im Kampfe steht, und er rostet, wenn er rastet. Nun wird uns ein siegreiches Ende des Krieges sicherlich nicht Zeiten des stillen Genießens bringen — das wäre gefährlich — sondern Zeiten neuer und größerer Arbeiten. Die wollen wir dann, wenn die Zeit da ist, mit Freuden angreifen. England bleibt für Deutschland ein warnendes Beispiel. Die einseitige Verfolgung des materiellen Vorteils führt mit Sicherheit zur geistigen Verkümmerung und diese hat wieder mit Notwendigkeit den Niedergang auch des wirtschaftltchen Lebens zur Folge. Erlebt Deutschland, was wir glauben und hoffen, einen Aufschwung, so darf er nicht nur wirtschaftlich sein, sondern auch hier müssen Geist und Materie sich verbinden, um neue Wege zu eröffnen. — Das neue Deutschland braucht einen neuen Antrieb zur Geisteswissenschaft und damit ist der Deutsche dann auf dem Gebiet, in dem ihn noch niemand erreicht, geschweige denn ihn übertroffen hat. Wir wissen, daß Kants kritische Philosophie erst die Waffen geschärft hat für die geistige Arbeit des 19. Jahrhunderts und daß er mit seinem kategorischen Imperativ eine Formel fand für deutsches Pflichtbewußtsein, die die Seele des deutschen Volkes nicht mehr losgelassen hat. Fichtes Überzeugung, daß die eigentlich wirksamen Kräfte in der Welt des Geistes ruhen, hat mitgeholfen zu dem ungeheuren geistigen Auffchwung von 1813 und wirkt bis heute nach. Hegel's Lehre von der Gesetzmäßigkeit des Geschehens ist die Grundlage für den Ausbau der Naturwissenschaften, denn niemand wird mit eisernem Fleiß Gesetze suchen, der nicht von vornherein von ihrem Vorhandensein überzeugt war. Ich darf das auch auf meine Wissenschaft anwenden. Ich hätte nicht die besten Jahre meines Lebens und meine beste Kraft an die Erforschung der Negersprachen gesetzt, wenn ich nicht felsenfest davon überzeugt gewesen wäre, daß die Gesetze, die ich suchte, auch wirklich vorhanden waren. Wilhelm Wundt hat die Gesetze der Seele erforscht, nicht nur der Einzelseele, sondern die Gesetze der Völkerseele, derselbe Wundt, der uns nun verkündet, was dieser Krieg für uns und für unsere Gegner ist.

Er sagt: „Wir führen ihn nicht, um einen Konkurrenten auf dem Weltmarkt aus dem Felde zu schlagen, sondern um uns gegen einen Überfall zu wehren, der uns den Weg zur Erfüllung unserer nationalen Aufgaben abschneiden will. Darum ist dieser Krieg im vollsten Sinne jenes Wortes, das dereinst im Sturm der Befreiungskriege, die wir heute als das Vorspiel dieses gewaltigen Völkerringens erkennen, Fichte geprägt, ein wahrhaftiger Krieg, denn er ist, wenn wir nicht uns selbst aufgeben wollen ein notwendiger, und weil er unsere höchste Pflicht in sich schließt, ein heiliger Krieg."

Von unseren Gegnern aber sagt Wundt: „England führt diesen Krieg gegen jeden einzelnen Deutschen. England, das stammverwandte germanische Land, tut alles, um ihn in einen Rassenkampf zu verwandeln. Damit ist England mindestens für diesen Krieg aus der Reihe der zivilisierten Staaten ausgeschieden, und mit ihm wetteifern seine Verbündeten, soweit es in ihren Kräften steht. Nein, dieser Krieg ist auf der Seite unserer Feinde kein wahrhafter Krieg, da auch der Krieg seine Rechte und Gesetze hat. Er ist ein ehrloser, räuberischer Überfall, dessen Mittel Mord, Piraterie, Flibustiertum sind, nicht der offene, ehrliche Kampf mit den Waffen." [1])

Wir wollen also an den Sieg Deutschlands glauben und uns nicht irre machen lassen. Es ist ja zweifellos richtig, daß der, der recht hat, keineswegs immer den Kampf gewinnt. Es ist eine sehr oberflächliche Betrachtung des Lebens und der Geschichte, wenn man sich dabei beruhigt: Ich habe recht, und also werde ich siegen. Gerade wir Christen dürfen diesem Irrtum nicht verfallen, wir bekennen uns als Nachfolger eines Herrn, der unschuldig in den Tod ging unter dem Spott seiner Feinde — und es ist kein Zufall, daß das Ehrenzeichen aus Eisen, das der oberste Kriegsherr den Tapferen verleiht, ein Kreuz ist. Darum ist es für unser Volk ein Segen, daß die Siege über den Feind nicht spielend gelungen sind, sondern nach langem Warten, heißem Ringen, scheinbarem Unterliegen. So wird uns der Sieg nicht wie ein Zufallsglück erscheinen, sondern als ein Geschenk aus der Hand des Höchsten für den, der nicht aufhörte zu glauben. — Ja ob wir noch Schwereres, ja das Schlimmste zu ertragen hätten, wir müssen an der Überzeugung festhalten, den deutschen Geist kann man nicht töten. Und ob er gekreuzigt und begraben wird, er wird am dritten Tage auferstehen.

So wird, wills Gott, mit dem schließlichen Sieg auch ein neuer Geistesfrühling anbrechen, und die Völker der Erde werden wieder Schüler des deutschen Geistes sein.

Es ist seiner Zeit viel die Rede gewesen von dem politischen Gleich-

---

[1]) Wilhelm Wundt: Über den wahrhaften Krieg. Rede, gehalten in der Alberthalle zu Leipzig am 10. September 1914. A. Kröner, Leipzig. 1914.

gewicht in Europa, jenem wundervollen System, wobei England sorgsam beobachtet, daß die Wagschalen gleich bleiben, damit es jederzeit der einen oder andern nachhelfen kann, wie die Politik Englands oder besser das Geschäft es verlangt. Wir wollen von diesem Gleichgewicht nichts wissen. Sondern so stehen die Dinge: Da Recht und Gerechtigkeit in der Welt nicht von selbst da sind, sondern als geistige Mächte täglich gegen Selbstsucht und Lüge, Eigennutz und Bequemlichkeit erkämpft werden müssen, da offenbar ist, daß wir mit dem guten Willen des Auslands nicht rechnen können, muß Deutschland ein so starkes Übergewicht erhalten, daß die Mächte der Finsternis im Zaum gehalten werden können. So haben wir Geibels oft angeführtes Wort zu verstehen:

Macht und Freiheit, Recht und Sitte,
Klarer Geist und scharfer Hieb,
Zügeln dann aus starker Mitte
Jeder Selbstsucht wilden Trieb
Und es mag am deutschen Wesen
Einmal noch die Welt genesen.

Mit der Politik des Nachgebens und Ausweichens ist es dann endlich vorbei. Bismarcks Geist muß über uns kommen und frei muß der deutsche Adler über Land und Meere fliegen. So sehen wir Deutschlands Zukunft. Und darum wollen wir nun diese deutschen Vorträge schließen mit dem Wort, das wie ein Jubelruf, wie ein Gelübde, ja fast wie ein Gebet in dieser Zeit von Millionen Lippen erklingt und das für die Zukunft der Leitstern unserer Arbeit und unseres Strebens sein soll, das wir unsern Kindern mit in die Wiege legen und das mit unseren Schiffen übers Meer fährt, das aus unsern Büchern und Studien hervorleuchtet und in Wald und Aue des geliebten Vaterlandes uns entgegenlacht — das herrliche Dichterwort:

Deutschland, Deutschland über alles,
Über alles in der Welt!

Inhalt

FSC
www.fsc.org
MIX
Papier | Fördert gute Waldnutzung
FSC® C083411

Zeitfracht Medien GmbH
Ferdinand-Jühlke-Straße 7
99095 Erfurt, Deutschland
produktsicherheit@kolibri360.de